ESCRIBE TU NOMBRE

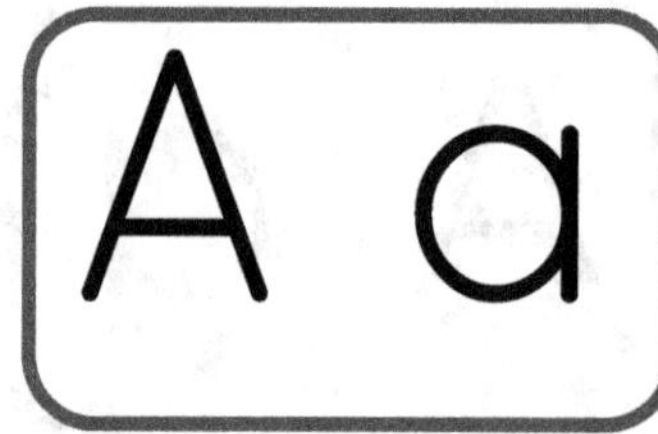

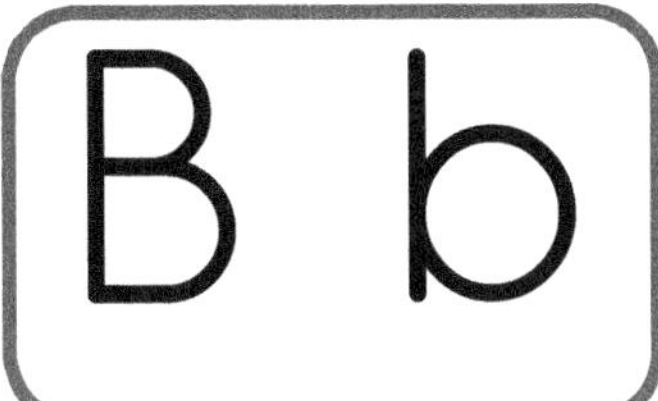

B b

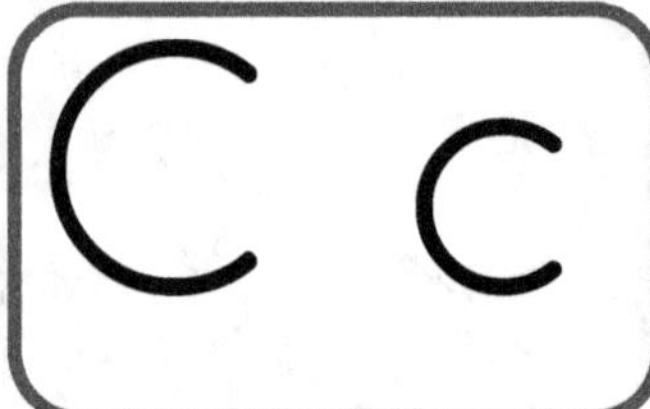

C c

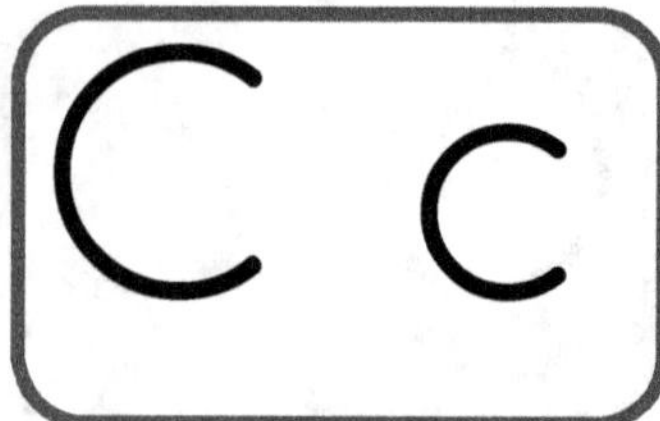

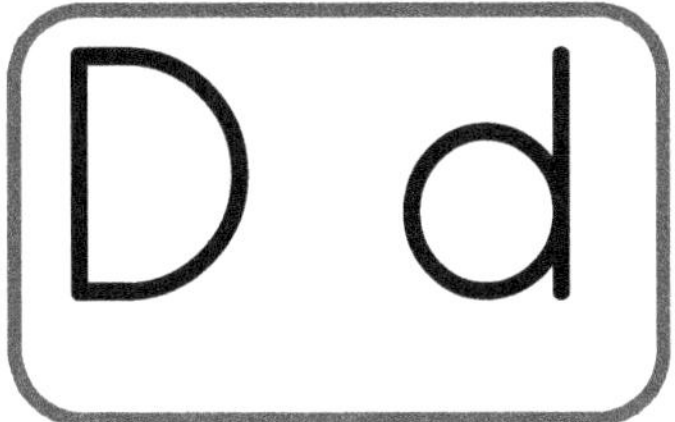

D d

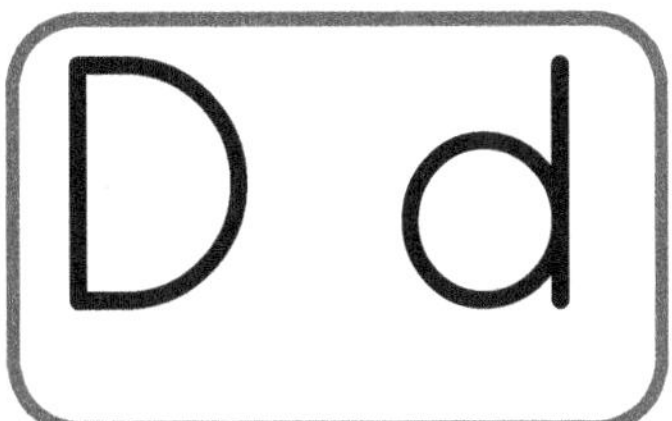

D d

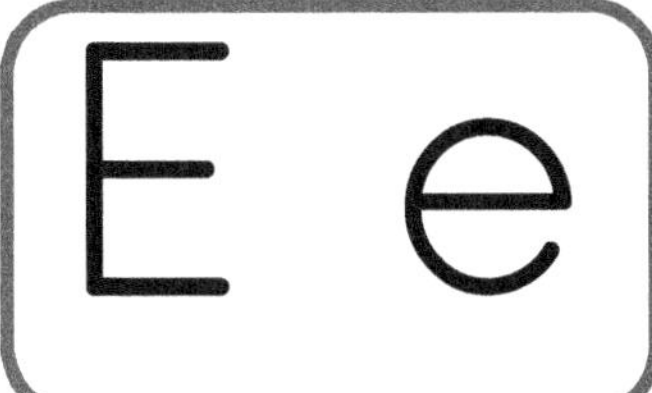

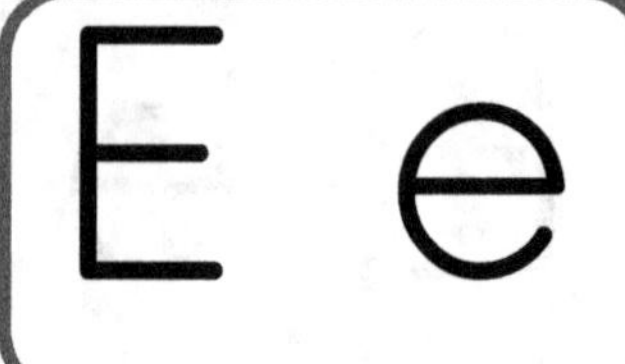

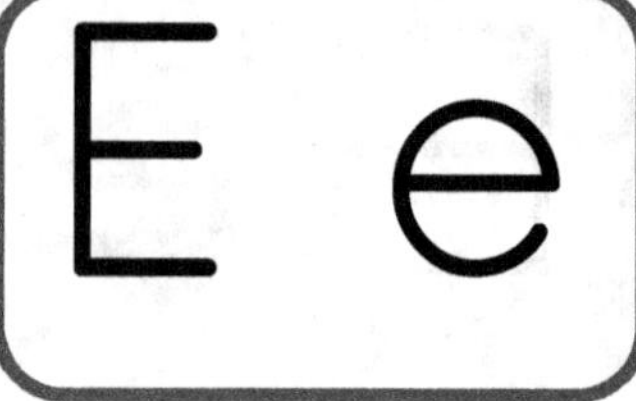

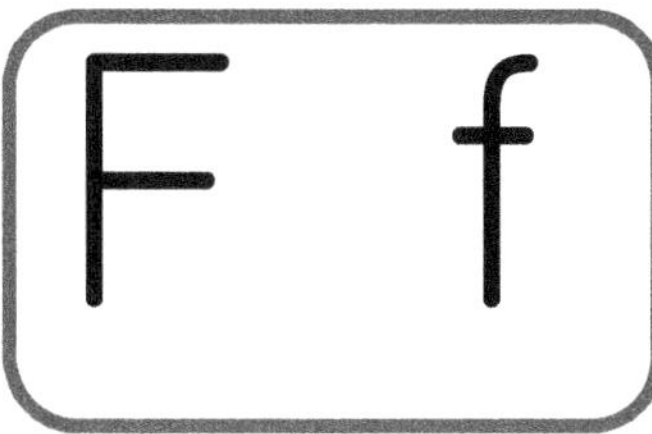

F f

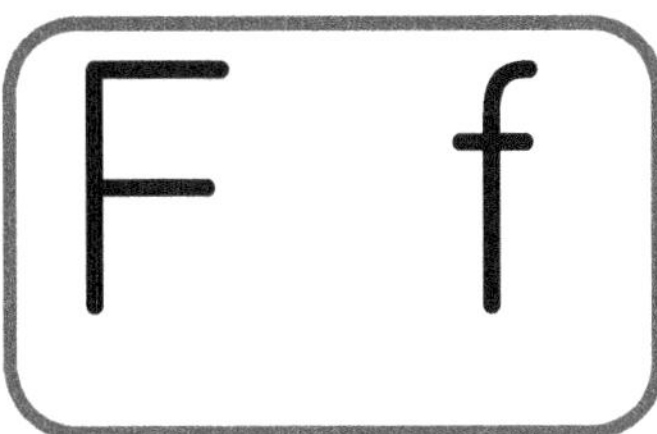

F f

G g

H h

H h

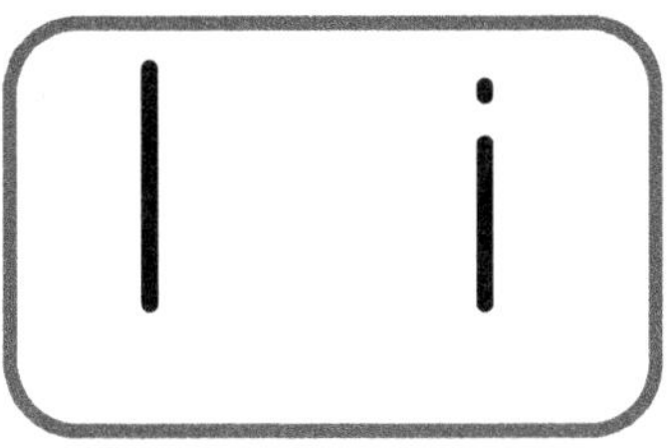

I i

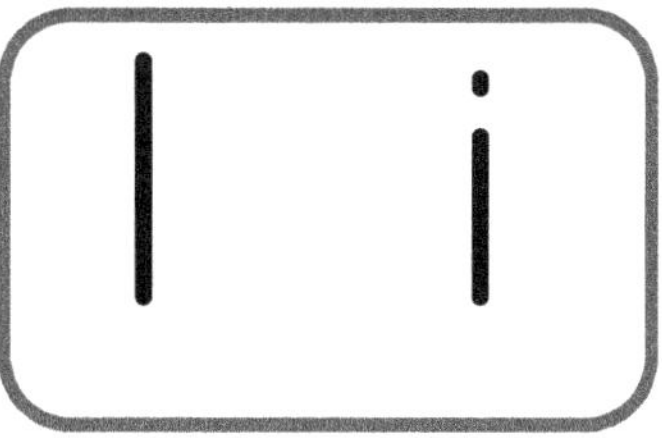

I i

J j

J j

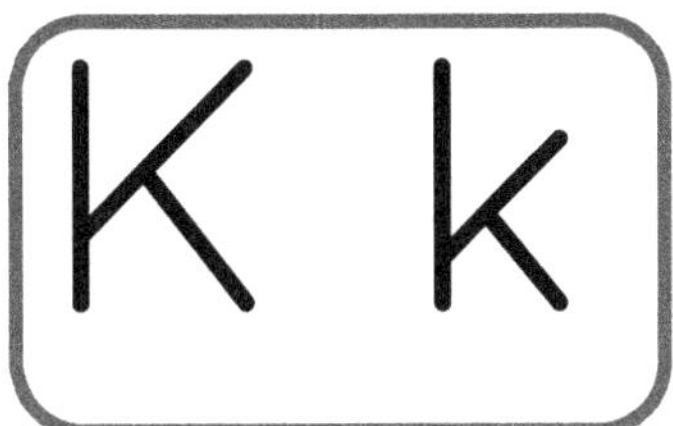

K k

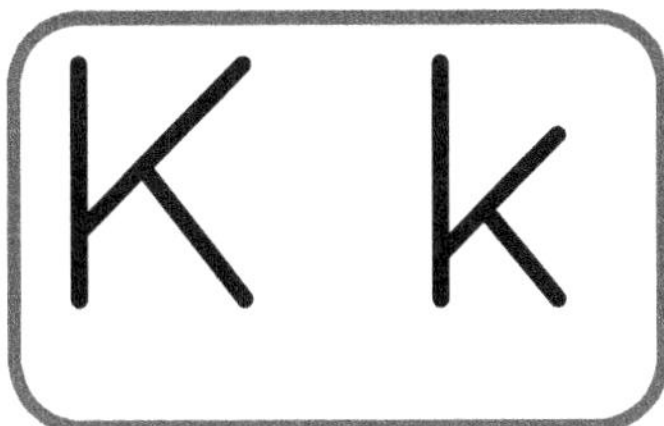

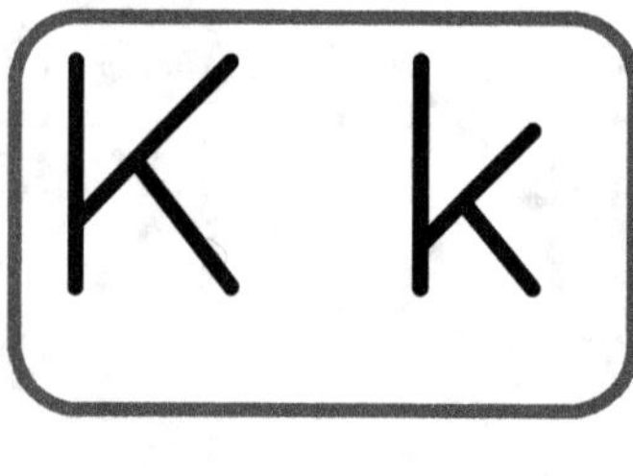

K k

L l

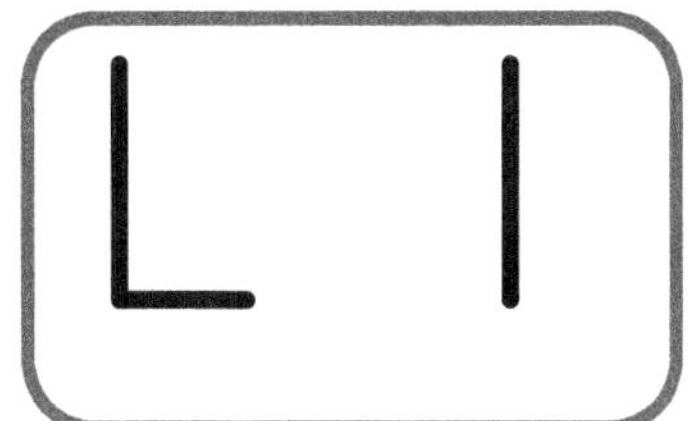

L l

M m

N n

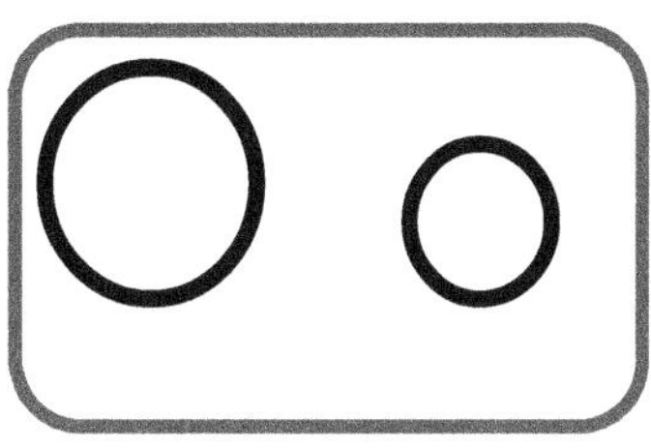

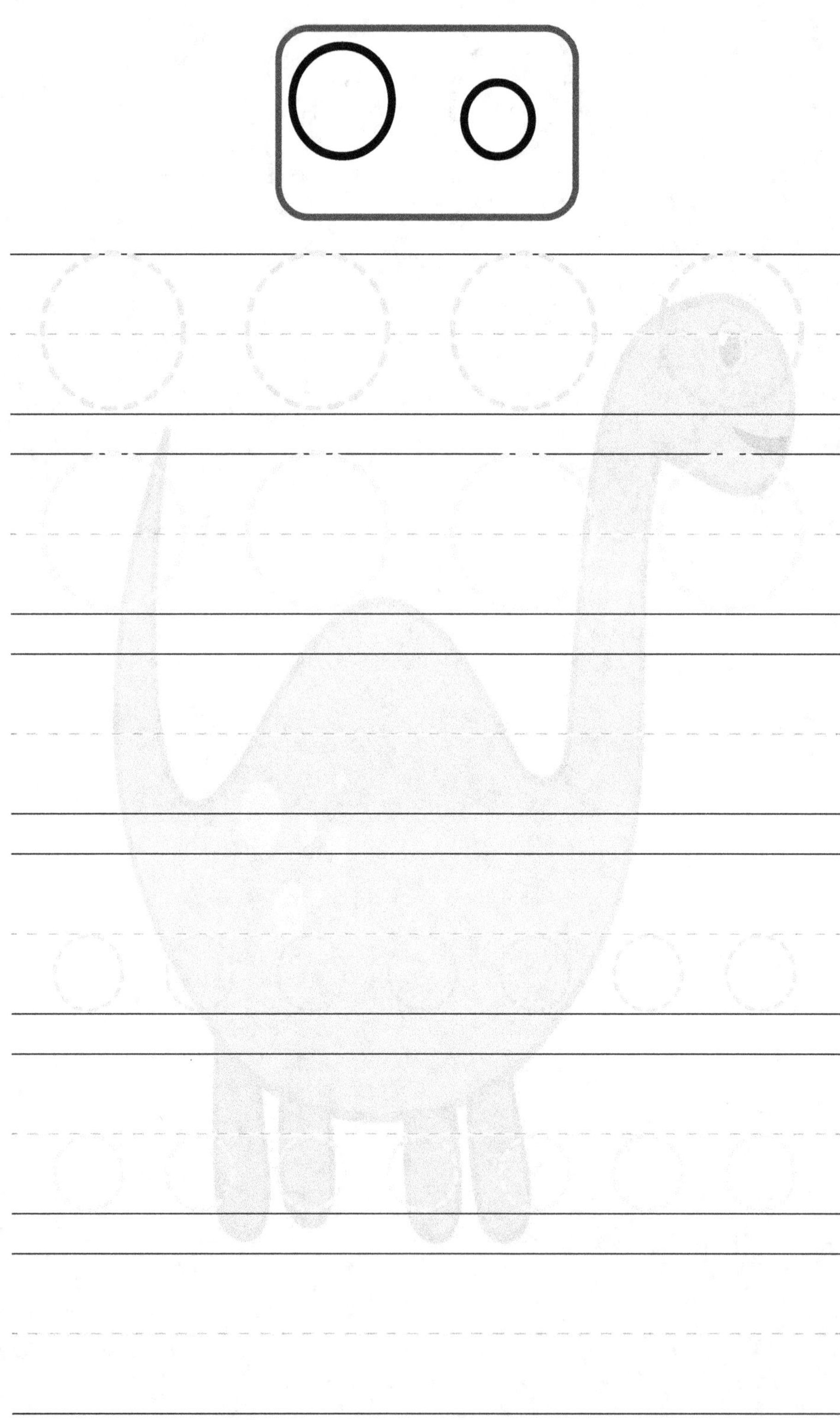

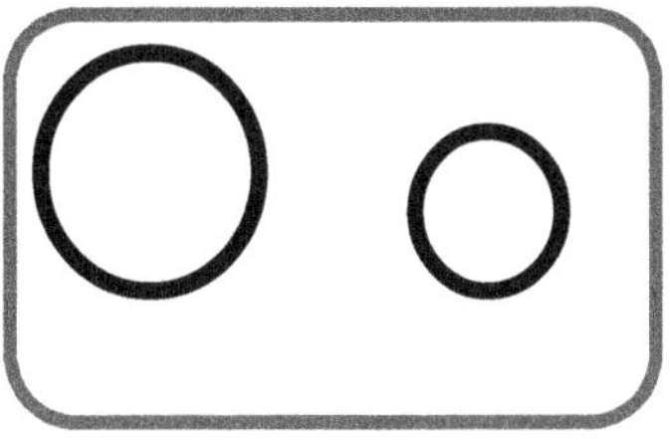

P p

P p

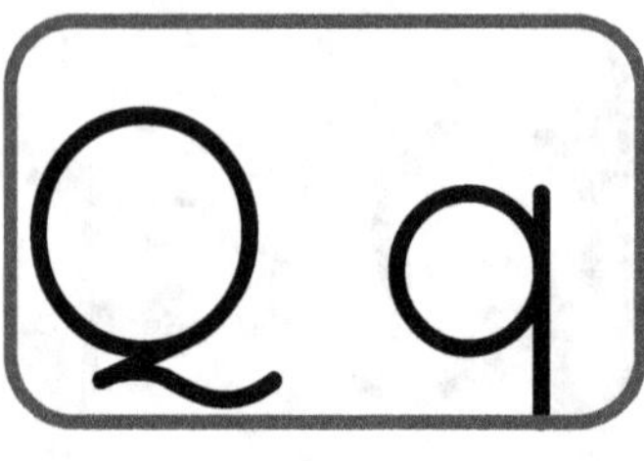

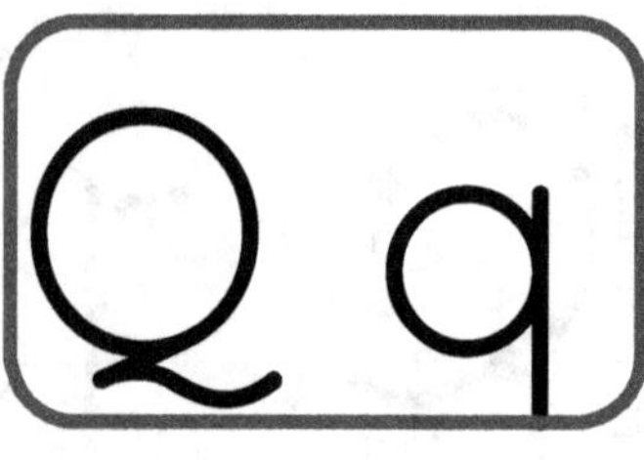

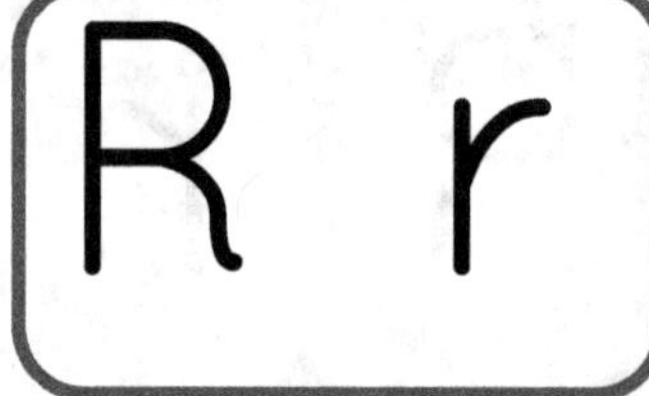

R r

R r

S s

S s

S s

T t

T t

U u

U u

V v

V v

Ww

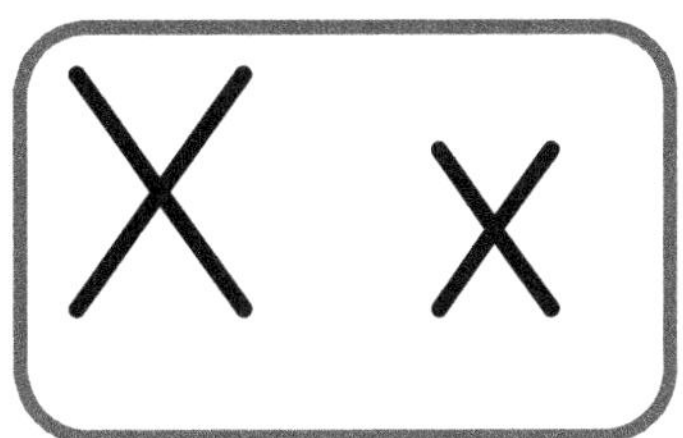

X x

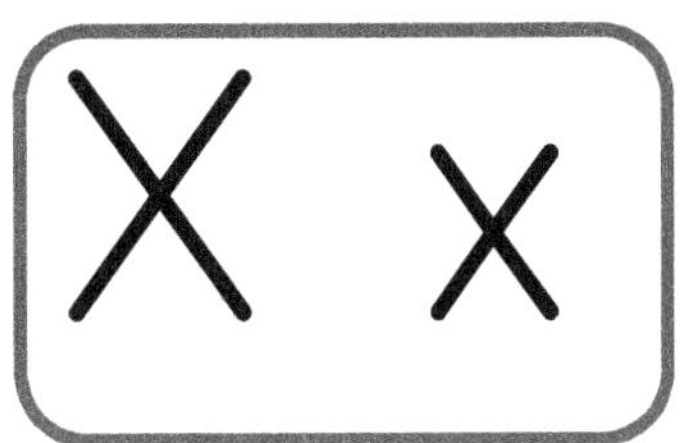

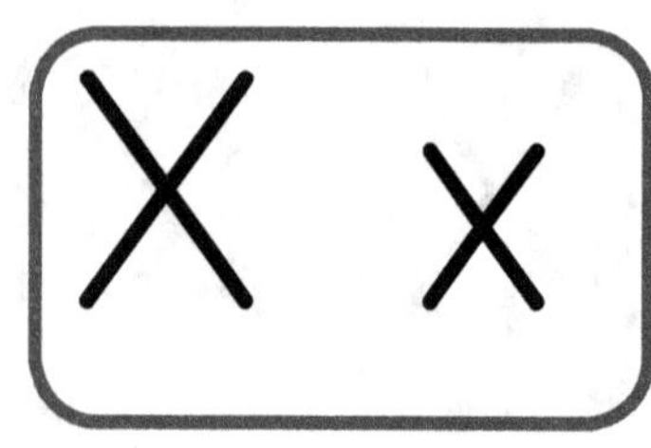

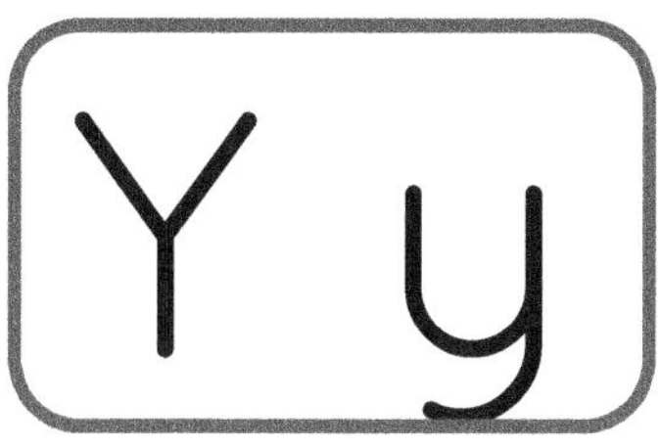

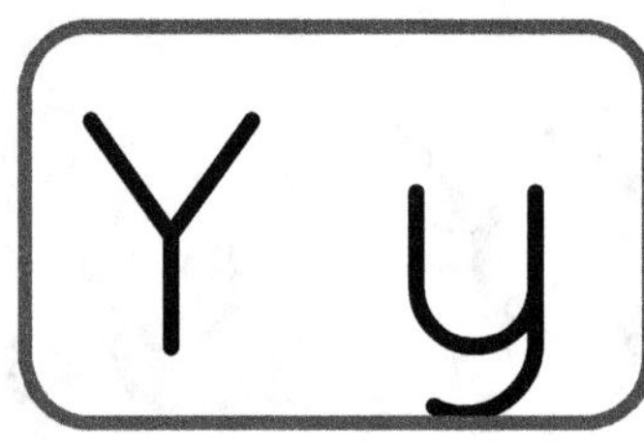

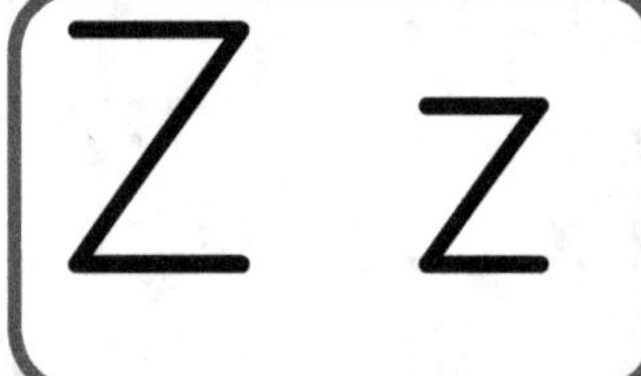

Z z

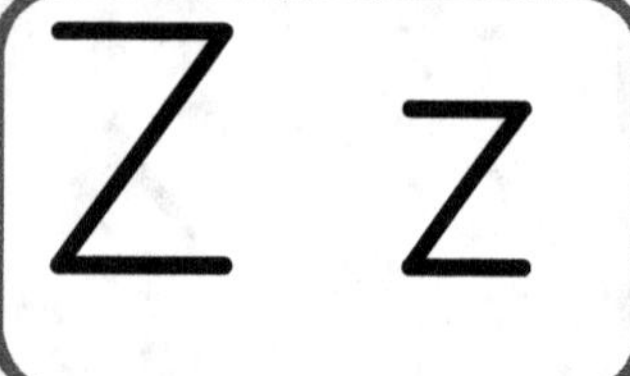

Z z